Kaushal Kumar
Paramvir Yadav

Impacto da automatização na indústria transformadora

Kaushal Kumar
Paramvir Yadav

Impacto da automatização na indústria transformadora

ScienciaScripts

Imprint
Any brand names and product names mentioned in this book are subject to trademark, brand or patent protection and are trademarks or registered trademarks of their respective holders. The use of brand names, product names, common names, trade names, product descriptions etc. even without a particular marking in this work is in no way to be construed to mean that such names may be regarded as unrestricted in respect of trademark and brand protection legislation and could thus be used by anyone.

Cover image: www.ingimage.com

This book is a translation from the original published under ISBN 978-620-7-80760-4.

Publisher:
Sciencia Scripts
is a trademark of
Dodo Books Indian Ocean Ltd. and OmniScriptum S.R.L publishing group

120 High Road, East Finchley, London, N2 9ED, United Kingdom
Str. Armeneasca 28/1, office 1, Chisinau MD-2012, Republic of Moldova, Europe
Printed at: see last page
ISBN: 978-620-7-86105-7

Índice

Prefácio

O "Impacto da automatização na indústria transformadora" oferece uma exploração abrangente dos efeitos transformadores das tecnologias de automatização na indústria transformadora moderna. Numa era caracterizada por um rápido avanço tecnológico, a automação surgiu como uma pedra angular do progresso industrial, revolucionando os processos de produção e remodelando o panorama da indústria transformadora.

Este livro analisa as implicações multifacetadas da automatização, examinando a sua influência na produtividade, eficiência, controlo de qualidade e dinâmica da força de trabalho. Através de estudos de caso, conhecimentos da indústria e análises de especialistas, os leitores obterão uma compreensão mais profunda das oportunidades e desafios colocados pela automação na indústria transformadora.

Concebido para profissionais, investigadores e estudantes, este livro fornece uma visão holística do impacto da automação, destacando as principais tendências, as melhores práticas e as tecnologias emergentes que moldam o futuro do fabrico. Quer seja um veterano experiente da indústria ou um recém-chegado a esta área, "Impact of Automation on Manufacturing Industry" oferece informações valiosas sobre como navegar na paisagem em evolução do fabrico automatizado.

Capítulo 1: Introdução à automatização

A automação é uma força transformadora que revolucionou as indústrias em todo o mundo, particularmente na indústria transformadora. Desde a otimização dos processos de produção até à melhoria do controlo de qualidade, a automação desempenha um papel fundamental na promoção da eficiência e da produtividade. Neste artigo abrangente, vamos explorar a definição de automação no contexto da fabricação, aprofundar sua evolução histórica, discutir vários tipos de automação, incluindo sistemas robóticos, orientados por IA e baseados em IoT, e analisar a importância da automação na melhoria dos resultados operacionais.

1.1 Definição de automatização no fabrico

A automatização refere-se à utilização de tecnologia e sistemas para efetuar tarefas com um mínimo de intervenção humana. No contexto da indústria transformadora, a automatização envolve a utilização de máquinas, sistemas de controlo e tecnologias da informação para operar e controlar os processos de produção. O principal objetivo da automatização na indústria transformadora é aumentar a eficiência, melhorar a qualidade e reduzir os erros humanos, substituindo ou aumentando o trabalho humano por máquinas e sistemas informáticos.

A automatização na indústria transformadora pode ir desde tarefas simples e repetitivas realizadas por máquinas básicas até sistemas complexos e integrados que envolvem robótica, inteligência artificial (IA) e redes de sensores avançados. Abrange um espetro de tecnologias e metodologias destinadas a otimizar os fluxos de trabalho de produção e a atingir níveis mais elevados de precisão e fiabilidade.

1.2 Panorama histórico da automatização na indústria

A história da automação na indústria remonta ao final do século XVIII, com o advento da Revolução Industrial. Durante este período, a mecanização substituiu o trabalho manual no fabrico de têxteis, levando a um aumento da produtividade e do crescimento económico. A introdução de motores a vapor, teares automatizados e linhas de montagem preparou o terreno para os avanços subsequentes na automatização.

No início do século XX, assistiu-se ao aparecimento de técnicas de produção em massa, criadas por Henry Ford e outros na indústria automóvel. A implementação da linha de montagem por Ford reduziu drasticamente os tempos de produção de automóveis, demonstrando o poder transformador da automação no fabrico.

Os meados do século XX marcaram o início da era digital, com o desenvolvimento das máquinas de controlo numérico computorizado (CNC) e dos controladores lógicos programáveis (PLC). Estas tecnologias permitiram um controlo preciso dos processos de fabrico, abrindo caminho a uma maior automatização e integração da eletrónica nas aplicações industriais.

Desde a década de 1980, os avanços na microeletrónica, nas telecomunicações e na informática impulsionaram a rápida evolução da automação. A robótica surgiu como uma tecnologia fundamental, permitindo a execução de tarefas complexas com precisão e rapidez. A integração de algoritmos de IA e de aprendizagem automática melhorou ainda mais as capacidades dos sistemas automatizados, permitindo a manutenção preditiva, o controlo adaptativo e a tomada de decisões autónomas em ambientes de fabrico.

Atualmente, a automação continua a evoluir com o advento da Indústria 4.0, caracterizada pela convergência de tecnologias digitais, conetividade IoT e sistemas ciber-físicos. Esta era promete transformar ainda mais o fabrico através de dispositivos inteligentes interligados, análise de dados em tempo real e capacidades de tomada de decisões descentralizadas.

1.3 Tipos de automatização

A automatização na indústria transformadora engloba vários tipos e níveis de integração tecnológica. Eis alguns dos principais tipos de automatização:

1. **Automação robótica**: Os robôs industriais são máquinas programáveis concebidas para executar tarefas tradicionalmente efectuadas por trabalhadores humanos. Estes robôs podem funcionar de forma autónoma ou sob a supervisão de operadores humanos, realizando tarefas como a soldadura, pintura, montagem e embalagem.

2. **Automatização baseada em IA**: A inteligência artificial e os algoritmos de aprendizagem automática permitem que as máquinas aprendam com os dados, se adaptem a condições variáveis e tomem decisões de forma autónoma. A automatização baseada em IA é utilizada para manutenção preditiva, controlo de qualidade, previsão da procura e otimização dos calendários de produção.
3. **Automação baseada na IoT**: A Internet das Coisas (IoT) envolve a ligação de dispositivos e sensores para recolher e trocar dados através de uma rede. No fabrico, a automatização baseada na IoT permite a monitorização em tempo real do equipamento, alertas de manutenção preditiva e otimização do consumo de energia.
4. **Automação PLC e CNC**: Os controladores lógicos programáveis (PLC) e as máquinas de controlo numérico computorizado (CNC) são fundamentais para a automatização da produção. Os PLCs automatizam as funções de controlo, enquanto as máquinas CNC automatizam as operações de maquinação com base em desenhos assistidos por computador (CAD).
5. **Veículos guiados automaticamente (AGVs)**: Os AGVs são robots móveis utilizados para transportar materiais nas instalações de fabrico. Navegam de forma autónoma utilizando sensores e podem ser programados para seguir rotas predefinidas ou responder a alterações dinâmicas no seu ambiente.
6. **Sistemas e sensores de visão**: Os sistemas e sensores de visão artificial são utilizados para inspeção de qualidade, identificação de defeitos e orientação de operações robóticas. Estes sistemas utilizam câmaras, lasers e outros sensores para capturar e processar dados visuais ou ambientais.
7. **Automatização do armazém**: Os sistemas automatizados de armazenamento e recuperação (ASRS), os sistemas de transporte e os robôs de recolha são exemplos de tecnologias de automatização utilizadas em operações de armazém e logística para otimizar a gestão de inventário e os processos de satisfação de encomendas.

1.4 Importância da automatização na melhoria da eficiência e da produtividade

A automatização desempenha um papel crucial no aumento da eficiência, da produtividade e da competitividade na indústria transformadora. Eis algumas das principais razões pelas quais a automatização é importante:

1. **Aumento da velocidade e consistência da produção**: Os sistemas automatizados podem efetuar tarefas mais rapidamente e com maior consistência do que os trabalhadores humanos, conduzindo a um maior rendimento e a tempos de ciclo reduzidos na produção.
2. **Melhoria do controlo de qualidade**: A automatização reduz a variabilidade e o erro humano nos processos de fabrico, resultando numa maior qualidade do produto e em menos defeitos. Os sistemas de inspeção automatizados podem detetar defeitos com precisão, garantindo o cumprimento das normas de qualidade.
3. **Redução de custos**: Embora o investimento inicial em automação possa ser significativo, os sistemas automatizados podem levar a poupanças de custos a longo prazo através de custos de mão de obra reduzidos, taxas de refugo mais baixas e utilização optimizada de recursos.
4. **Flexibilidade e escalabilidade**: As modernas tecnologias de automação, como os robots colaborativos (cobots) e os sistemas de fabrico flexíveis, permitem que os fabricantes se adaptem rapidamente às exigências de produção em constante mudança e escalem as operações de forma eficiente.
5. **Segurança no local de trabalho**: A automatização elimina tarefas perigosas e repetitivas que representam riscos para a segurança dos trabalhadores. Os robots podem manusear materiais perigosos ou operar em ambientes com temperaturas extremas ou exposição a toxinas.
6. **Tomada de decisões com base em dados**: A automação gera grandes quantidades de dados em tempo real que podem ser analisados para otimizar processos, melhorar a fiabilidade do equipamento e tomar decisões comerciais informadas. A análise preditiva permite uma manutenção proactiva e minimiza o tempo de inatividade não planeado.
7. **Reforço de competências e desenvolvimento da força de trabalho**: Embora a automatização reduza a necessidade de trabalho manual em determinadas tarefas, cria oportunidades para os trabalhadores melhorarem as suas competências em programação, manutenção e funções técnicas avançadas. Esta transformação da força de trabalho promove a progressão na carreira e a inovação no sector.

Capítulo 2: Avanços tecnológicos

As tecnologias de automatização sofreram uma evolução significativa ao longo das décadas, remodelando as indústrias e revolucionando os processos de fabrico em todo o mundo. Este artigo abrangente explora a evolução das tecnologias de automatização, estudos de casos de implementações bem sucedidas, uma comparação entre processos de fabrico tradicionais e automatizados e tendências futuras na tecnologia de automatização.

2.1 Evolução das tecnologias de automatização ao longo das décadas

A automação tem uma história rica que vai desde a Revolução Industrial até à era digital da Indústria 4.0. Cada era contribuiu para o desenvolvimento e o avanço das tecnologias de automação, melhorando a produtividade, a eficiência e a qualidade no fabrico.

2.1.1. Revolução Industrial e Mecanização (final do século XVIII e início do século XIX):

- A Revolução Industrial marcou a transição dos métodos de produção manual para máquinas movidas a vapor e rodas de água.
- A mecanização começou nos têxteis com máquinas de fiação e tecelagem automatizadas, lançando as bases para a produção em massa.

2.1.2. Linha de montagem e produção em massa (início a meados do século XX):

- Henry Ford foi o pioneiro da linha de montagem no fabrico de automóveis, aumentando drasticamente as taxas de produção e reduzindo os custos.
- As técnicas de produção em massa e a maquinaria especializada aceleraram a produção em sectores como o automóvel, a eletrónica e os bens de consumo.

2.1.3. Ascensão do controlo programável (meados do século XX):

- O desenvolvimento de controladores lógicos programáveis (PLCs) e de máquinas de controlo numérico computorizado (CNC) revolucionou a automação industrial.
- Os PLCs permitiram um controlo flexível e preciso dos processos de fabrico, enquanto as máquinas CNC automatizaram as operações de maquinação.

2.1.4. Robótica e automatização flexível (final do século XX):

- A robótica industrial surgiu como uma tecnologia de automação fundamental, permitindo tarefas como a soldadura, a pintura e a montagem.
- Os sistemas de fabrico flexíveis (FMS) integravam robôs, máquinas CNC e manuseamento automático de materiais para apoiar uma produção ágil.

2.1.5. Integração das tecnologias da informação (final do século XX ao século XXI):

- Os progressos da microeletrónica, das telecomunicações e da informática facilitaram a integração dos sistemas informáticos na automatização.
- O controlo de supervisão e a aquisição de dados (SCADA), os sistemas de execução da produção (MES) e os sistemas ERP permitiram a monitorização e o controlo em tempo real dos processos de produção.

2.1.6. Indústria 4.0 e fabrico inteligente (século XXI):

- A Indústria 4.0 representa a fase atual da automação caracterizada por sistemas ciber-físicos, conetividade IoT e tecnologias orientadas para a IA.
- As fábricas inteligentes aproveitam os dispositivos interligados, a análise de grandes volumes de dados e os sistemas autónomos para otimizar a produção, a manutenção e a logística.

2.2 Casos de estudo de implementações de automatização bem sucedidas

As implementações de automatização bem sucedidas demonstram o impacto transformador da tecnologia em vários sectores, destacando os ganhos de eficiência, a redução de custos e a melhoria da competitividade.

2.2.1. Gigafábrica da Tesla:

- A Gigafactory da Tesla, no Nevada, é um exemplo de fabrico avançado com linhas de produção automatizadas para baterias de veículos eléctricos.

- Os robôs e os veículos guiados automaticamente (AGVs) tratam do transporte de materiais, da montagem e do controlo de qualidade, alcançando um elevado rendimento e precisão.

2.2.2. Robótica Fanuc no fabrico de automóveis:

- A Fanuc Robotics fornece soluções automatizadas para fabricantes de automóveis em todo o mundo, integrando robôs em processos de montagem, soldadura e pintura.
- Os seus robots aumentam a produtividade, asseguram uma qualidade consistente e melhoram a segurança dos trabalhadores em ambientes de produção de grande volume.

2.2.3. A robótica da Amazon na logística:

- A Amazon Robotics emprega milhares de robots nos seus centros de distribuição para recolher, embalar e ordenar encomendas.
- Estes robôs colaboram com trabalhadores humanos, optimizando as operações de armazém e permitindo um processamento e expedição mais rápidos das encomendas.

2.2.4. Digital Enterprise Suite da Siemens:

- O Digital Enterprise Suite da Siemens integra tecnologias de automação, IA e IoT para criar um gémeo digital das operações de fabrico.
- Esta plataforma abrangente permite a manutenção preditiva, a monitorização em tempo real e a otimização baseada em simulações ao longo do ciclo de vida da produção.

2.2.5. Automatização da indústria farmacêutica:

- As empresas farmacêuticas utilizam sistemas automatizados para o fabrico de medicamentos, embalagem e garantia de qualidade.

- Os processos automatizados garantem a conformidade com normas regulamentares rigorosas, reduzem o tempo de colocação no mercado e minimizam os riscos de contaminação.

2.3 Comparação entre os processos de fabrico tradicionais e os processos automatizados

A passagem dos processos de fabrico tradicionais para processos automatizados representa uma mudança paradigmática na forma como os bens são produzidos. Eis uma comparação que destaca as principais diferenças e vantagens da automatização:

2.3.1. Eficiência e produtividade:

- **Fabrico tradicional:** Depende fortemente do trabalho manual, resultando em variabilidade na velocidade de produção e na produção.
- **Processos automatizados:** Produtividade consistentemente elevada com tempos de ciclo reduzidos e maior rendimento devido ao funcionamento contínuo e à precisão.

2.3.2. Controlo de qualidade:

- **Fabrico tradicional:** A qualidade depende da habilidade e atenção humanas, o que leva a inconsistências e defeitos.
- **Processos automatizados:** Garantia de qualidade melhorada através de sistemas de inspeção automatizados, reduzindo os defeitos e assegurando a consistência do produto.

2.3.3. Flexibilidade e adaptabilidade:

- **Fabrico tradicional:** Flexibilidade limitada para se adaptar a mudanças nos requisitos de produção ou personalização de produtos.
- **Processos automatizados:** Os sistemas de automatização flexíveis podem ser reconfigurados para diferentes tarefas ou produtos, apoiando o fabrico ágil e a personalização.

2.3.4. Eficiência de custos:

- **Fabrico tradicional:** Os processos de mão de obra intensiva podem implicar custos de mão de obra e despesas gerais mais elevados.
- **Processos automatizados:** Os custos de investimento inicial para a automatização podem ser elevados, mas resultam em poupanças de custos a longo prazo através da redução dos custos de mão de obra, da minimização do desperdício e da utilização optimizada dos recursos.

2.3.5. Segurança e ambiente de trabalho:

- **Fabrico tradicional:** Os trabalhadores podem estar expostos a condições perigosas ou a lesões por esforço repetitivo.
- **Processos automatizados:** Melhoria da segurança no local de trabalho através da automatização de tarefas perigosas e da redução do esforço físico dos trabalhadores.

2.3.6. Tomada de decisões e análise de dados:

- **Produção tradicional:** A tomada de decisões baseia-se na experiência e no julgamento humano, com acesso limitado a dados em tempo real.
- **Processos automatizados:** Tomada de decisão orientada por dados facilitada pela conetividade IoT, análise de IA e gémeos digitais, permitindo a manutenção preditiva, programação de produção optimizada e gestão de inventário.

2.4 Tendências futuras da tecnologia de automatização

O futuro da tecnologia de automação promete mais avanços em termos de conetividade, inteligência e sustentabilidade, impulsionando a evolução do fabrico inteligente e dos conceitos da Indústria 4.0.

2.4.1. IA e aprendizagem automática:

- Integração de algoritmos de IA para manutenção preditiva, deteção de anomalias e controlo adaptativo em sistemas automatizados.

- Otimização dos processos de produção, gestão da cadeia de abastecimento e eficiência energética com base na IA.

2.4.2. Robótica e Cobots:

- Desenvolvimento contínuo de robôs colaborativos (cobots) que trabalham ao lado de seres humanos, aumentando a flexibilidade e a segurança em ambientes de fabrico.
- Adoção de sistemas robóticos avançados para montagem complexa, maquinagem de precisão e manuseamento autónomo de materiais.

2.4.3. IoT e conetividade:

- Expansão das redes IoT para ligar dispositivos, sensores e máquinas, permitindo o intercâmbio de dados em tempo real e a monitorização remota.
- Implementação de gémeos digitais e simulações virtuais para modelação preditiva e otimização de sistemas de produção.

2.4.4. Sustentabilidade e fabrico ecológico:

- Integração de tecnologias de automatização para reduzir o consumo de energia, minimizar os resíduos e otimizar a utilização dos recursos.
- Adoção de materiais ecológicos, automatização da reciclagem e práticas de fabrico sustentáveis.

2.4.5. Cibersegurança e normas do sector:

- Concentrar-se em medidas de cibersegurança para proteger os sistemas de automação interligados contra ciberameaças e violações de dados.
- Desenvolvimento de normas e protocolos industriais para a interoperabilidade, a privacidade dos dados e a comunicação segura nos ecossistemas de fabrico inteligente.

2.4.6. Colaboração homem-máquina e desenvolvimento de competências:

- Ênfase na melhoria das competências da mão de obra para operar, programar e manter tecnologias avançadas de automação.
- Conceção de sistemas de automatização centrada no ser humano para melhorar a experiência do utilizador e promover uma colaboração eficaz entre humanos e máquinas.

Capítulo 3: Implicações económicas

A automatização, impulsionada por avanços tecnológicos como a robótica, a inteligência artificial (IA) e a aprendizagem automática, tornou-se uma força transformadora em todos os sectores de atividade a nível mundial. Da indústria transformadora aos serviços, a automatização promete maior eficiência, ganhos de produtividade e benefícios económicos potencialmente significativos. No entanto, a par destas promessas, existem preocupações quanto à deslocação de postos de trabalho, à inadequação de competências e a impactos socioeconómicos mais vastos. Este ensaio explora as implicações económicas multifacetadas da automação, centrando-se em temas-chave: a análise custo-benefício da automação na indústria transformadora, o seu impacto nos mercados de trabalho, o crescimento económico e a competitividade, e perspectivas globais sobre a adoção e as consequências.

3.1 Análise custo-benefício da automatização no fabrico

3.1.1 Visão geral da automatização na indústria transformadora

Historicamente, a indústria transformadora tem estado na vanguarda da adoção da automação devido ao seu potencial para tarefas repetitivas, requisitos de precisão e economias de escala. A automação na indústria transformadora engloba várias tecnologias, incluindo braços robóticos, linhas de montagem automatizadas e sistemas de controlo de qualidade alimentados por IA. Os principais impulsionadores da adoção da automatização no fabrico incluem a redução dos custos de mão de obra, a melhoria da qualidade e consistência dos produtos, o aumento da velocidade de produção e a resposta à crescente concorrência global.

3.1.2 Quadro de análise custo-benefício

Uma análise custo-benefício (ACB) da automatização na indústria transformadora envolve a avaliação dos custos e benefícios associados à implementação de tecnologias de automatização. Os custos incluem normalmente investimentos iniciais de capital, manutenção contínua, formação e potenciais custos de transição, como a reorganização dos fluxos de trabalho. Os benefícios podem incluir a redução dos custos de mão de obra, a melhoria da qualidade do produto, que conduz à redução de defeitos e desperdícios, o aumento da capacidade de produção e a flexibilidade na produção.

3.1.3 Estudo de caso: Indústria automóvel

Por exemplo, na indústria automóvel, a automatização permitiu ganhos de eficiência significativos. Os robots nas linhas de montagem executam tarefas com precisão e rapidez, conduzindo a taxas de produção mais elevadas e a taxas de defeitos mais baixas em comparação com o trabalho manual. Apesar dos elevados investimentos iniciais, as poupanças de custos e os ganhos de produtividade a longo prazo justificam a adoção da automatização.

3.1.4 Implicações económicas

As implicações económicas da automatização na indústria transformadora são substanciais. Por um lado, a automatização pode conduzir a custos de produção mais baixos, o que se pode traduzir em preços mais baixos para os consumidores e numa maior competitividade para as empresas nos mercados globais. Por outro lado, a deslocação inicial de mão de obra humana pode levar à perda de postos de trabalho a curto prazo e a uma potencial agitação social, se não for gerida corretamente.

3.2 Impacto nos mercados de trabalho: Deslocação de empregos vs. oportunidades de melhoria de competências

3.2.1 Tendências de deslocação de postos de trabalho

A automatização tem o potencial de perturbar significativamente os mercados de trabalho. As tarefas rotineiras e repetitivas são as mais susceptíveis à automatização, afectando os empregos na indústria transformadora, na logística e até em sectores de serviços como o retalho e o atendimento ao cliente. O ritmo e a escala da deslocação de postos de trabalho dependem de factores como o nível de automatização, a estrutura da indústria e a demografia da força de trabalho.

3.2.2 Imperativos de atualização e requalificação

No entanto, a automatização também cria oportunidades para melhorar as competências e requalificar a mão de obra. Os empregos que envolvem criatividade, resolução de problemas complexos e interação humana são menos susceptíveis à automatização. Os governos, as instituições de ensino e as empresas têm um papel fundamental na facilitação destas transições através de programas de formação específicos, iniciativas de aprendizagem ao longo da vida e políticas que apoiem a adaptação da força de trabalho.

Exemplo: Iniciativas de desenvolvimento de competências

Países como a Alemanha e Singapura implementaram programas de formação profissional e de aprendizagem que se alinham com as necessidades em evolução das indústrias que adoptam a automatização. Estas iniciativas não só atenuam a perda de postos de trabalho, como também promovem uma mão de obra qualificada capaz de tirar partido das tecnologias de automatização de forma eficaz.

3.2.3 Dinâmica económica e social

A dinâmica económica da deslocação de postos de trabalho versus a melhoria de competências é complexa. A curto prazo, a perda de postos de trabalho pode levar a um aumento do desemprego e da desigualdade de rendimentos se os trabalhadores deslocados tiverem dificuldade em fazer a transição para novas funções. No entanto, a longo prazo, uma mão de obra mais qualificada e adaptável pode contribuir para uma maior produtividade, inovação e resiliência económica global.

3.3 Crescimento económico e competitividade devido à automatização

3.3.1 Factores de crescimento económico

A automatização desempenha um papel crucial na promoção do crescimento económico ao aumentar a produtividade e a eficiência em todos os sectores. Níveis de produtividade mais elevados podem levar a um aumento da produção sem aumentos proporcionais nos factores de produção, como o trabalho e o capital. Este fenómeno, conhecido como crescimento da produtividade total dos factores (PTF), é essencial para uma expansão económica sustentada e para o aumento do nível de vida.

3.3.2 Competitividade nos mercados mundiais

Numa economia globalizada, a competitividade é fundamental para manter e expandir a quota de mercado. A automatização permite às empresas produzir bens e serviços de forma mais competitiva, reduzindo os custos, melhorando a qualidade e respondendo mais rapidamente às exigências do mercado. Os países que adoptam a automatização podem obter vantagens comparativas em indústrias de elevado valor acrescentado e em indústrias de inovação intensiva.

Exemplo: Sector tecnológico

O sector tecnológico é um exemplo de como a automatização impulsiona a competitividade. Empresas como a Apple e a Tesla tiram partido da automatização não só no fabrico, mas também na investigação e desenvolvimento, permitindo ciclos de inovação rápidos e mantendo a liderança nos respectivos mercados.

3.3.3 Desafios socioeconómicos

No entanto, os benefícios da automatização não estão distribuídos de forma homogénea. As pequenas e médias empresas (PME) podem enfrentar obstáculos à adoção da automatização devido aos elevados custos iniciais e aos requisitos de conhecimentos técnicos. Além disso, as regiões e comunidades altamente dependentes de indústrias vulneráveis à automatização podem sofrer um declínio económico se não forem seguidas estratégias de crescimento alternativas.

3.4 Perspectivas globais sobre a adoção da automatização e consequências económicas

3.4.1 Variações regionais nas taxas de adoção

A adoção da automatização varia significativamente de região para região devido a diferenças na preparação tecnológica, ambientes regulamentares, estruturas do mercado de trabalho e prioridades económicas. As economias desenvolvidas lideram frequentemente a adoção da automação, impulsionadas pela sua capacidade de inovação tecnológica e investimento de capital. Em contrapartida, as economias em desenvolvimento podem enfrentar desafios na adoção da automatização devido a limitações de infra-estruturas e a lacunas na preparação da mão de obra.

3.4.2 Implicações para as economias em desenvolvimento

Para as economias em desenvolvimento, a automatização apresenta oportunidades e desafios. Por um lado, a automatização pode aumentar a produtividade industrial, atrair investimento estrangeiro e promover a diversificação económica. Por outro lado, existe o risco de agravar a desigualdade e o desemprego se a mão de obra não possuir as competências necessárias para participar na economia digital.

Exemplo: O sector transformador da China

A China é um exemplo de uma economia em desenvolvimento que está a navegar na adoção da automatização. Enquanto centro de produção global, a China investiu fortemente em robótica e IA para atualizar a sua base industrial. Esta transição visa sustentar o crescimento económico e, ao mesmo tempo, dar resposta às pressões do mercado de trabalho e às preocupações ambientais associadas às práticas de fabrico tradicionais.

3.4.3 Interdependência económica mundial

A disseminação global da automatização tem implicações na interdependência económica e na dinâmica comercial. As eficiências de custos possibilitadas pela automatização podem remodelar as cadeias de abastecimento globais, conduzindo a mudanças nos locais de produção e nos padrões comerciais. Além disso, a automatização pode contribuir para as tendências de relocalização, uma vez que as empresas procuram reduzir os riscos da cadeia de abastecimento e beneficiar da proximidade dos mercados de consumo.

Capítulo 4: Considerações sociais e humanitárias

A automatização, impulsionada pelos avanços da robótica, da inteligência artificial (IA) e da aprendizagem automática, promete maior eficiência, produtividade e crescimento económico em vários sectores. No entanto, a par destes benefícios, surgem considerações sociais e humanitárias significativas. Este artigo explora os impactos multifacetados da automatização, centrando-se na desigualdade de rendimentos, na segurança do emprego, na reconversão profissional, na implantação ética na indústria transformadora, na segurança e saúde dos trabalhadores e em estudos de casos que destacam estratégias eficazes para gerir o impacto humano da automatização.

4.1. Implicações sociais da automatização

4.1.1 Desigualdade de rendimentos: Uma das principais preocupações em torno da automatização é o seu potencial para agravar a desigualdade de rendimentos. medida que as tarefas tradicionalmente executadas por humanos são automatizadas, a procura de certas competências diminui, levando à deslocação de trabalhadores que não possuem as competências necessárias para se adaptarem à nova paisagem tecnológica. Esta situação pode alargar o fosso entre os trabalhadores altamente qualificados que beneficiam da automatização e os trabalhadores pouco qualificados que se vêem confrontados com a perda de emprego ou com salários reduzidos.

4.1.2 Segurança do emprego: A automatização introduz incertezas quanto ao futuro do trabalho. Embora elimine alguns postos de trabalho, também cria novas oportunidades em sectores relacionados com a tecnologia e a inovação. No entanto, o ritmo a que os postos de trabalho são perdidos e criados pode não corresponder, levando a perturbações a curto prazo no emprego e na segurança do emprego para os indivíduos e comunidades afectados.

4.1.3 Requalificação profissional: Para atenuar os impactos negativos da automatização, é fundamental a adoção de programas eficazes de reconversão profissional. Estes programas devem centrar-se na melhoria das competências dos trabalhadores em domínios em que o contributo humano continua a ser essencial, como a criatividade, a resolução de problemas e as competências interpessoais. Os governos, as empresas e as instituições de ensino desempenham um papel fundamental na oferta de oportunidades de reconversão acessíveis e relevantes para ajudar os trabalhadores a transitar para novas funções numa economia em evolução.

4.2. Considerações éticas na implementação da automatização na indústria transformadora

A automatização na indústria transformadora levanta questões éticas relacionadas com o tratamento dos trabalhadores, o ambiente e o bem-estar da sociedade:

4.2.1 Tratamento dos trabalhadores: A automatização não deve conduzir à exploração dos trabalhadores ou ao desrespeito pelos seus direitos. A implantação ética implica garantir que os sistemas automatizados melhorem as condições do local de trabalho, proporcionem um trabalho significativo e respeitem a dignidade humana. Isto inclui abordar as preocupações sobre a deslocação de postos de trabalho e garantir políticas de transição justas para os trabalhadores afectados.

4.2.2 Impacto ambiental: Embora a automatização possa melhorar a eficiência e reduzir os resíduos nos processos de fabrico, pode também aumentar o consumo de energia e a produção de resíduos se não for implementada de forma responsável. As considerações éticas incluem a adoção de práticas e tecnologias sustentáveis que minimizem os danos ambientais e contribuam positivamente para o equilíbrio ecológico a longo prazo.

4.2.3 Bem-estar social: A automatização deve beneficiar a sociedade no seu todo, não só economicamente mas também socialmente. Surgem preocupações éticas em relação à distribuição da riqueza gerada pela automatização, garantindo que os benefícios são partilhados equitativamente e contribuem para o bem-estar geral da sociedade, incluindo a educação, os cuidados de saúde e o desenvolvimento de infra-estruturas.

4.3. Segurança e saúde dos trabalhadores em ambientes automatizados

A automatização tem o potencial de melhorar a segurança e a saúde no local de trabalho, reduzindo a exposição humana a tarefas perigosas. No entanto, também introduz novos riscos e desafios:

4.3.1 Segurança física: As máquinas automatizadas e os robots devem ser concebidos com protocolos de segurança que previnam acidentes e lesões. Isto inclui uma avaliação sólida dos riscos, formação em segurança para os trabalhadores que interagem com sistemas automatizados e a implementação de mecanismos de segurança para evitar avarias.

4.3.2 Saúde mental: A automatização pode ter impacto na saúde mental dos trabalhadores, aumentando a insegurança no emprego, o stress relacionado com a aprendizagem de novas tecnologias e a ansiedade face a uma potencial deslocação do emprego. Os empregadores devem fornecer sistemas de apoio adequados, incluindo serviços de aconselhamento e programas de desenvolvimento de competências, para atenuar estes efeitos e promover o bem-estar mental em ambientes automatizados.

4.4. Estudos de casos sobre a gestão do impacto humano da automatização

Estudo de caso 1: Abordagem da Toyota à automatização no fabrico A Toyota integrou a automatização nos seus processos de produção, dando simultaneamente prioridade aos princípios centrados no ser humano. A empresa dá ênfase ao desenvolvimento de competências e à melhoria contínua, assegurando que a automatização complementa as capacidades humanas em vez de as substituir totalmente. Esta abordagem resultou numa maior satisfação profissional entre os trabalhadores e em benefícios económicos sustentados para as comunidades locais.

Estudo de caso 2: Políticas de automatização dos países nórdicos Os países nórdicos, como a Suécia e a Dinamarca, implementaram redes de segurança social abrangentes e programas de reconversão profissional para apoiar os trabalhadores afectados pela automatização. Estas políticas dão ênfase à aprendizagem ao longo da vida, à segurança no emprego e ao apoio ao rendimento dos trabalhadores deslocados, promovendo uma força de trabalho resiliente capaz de se adaptar aos avanços tecnológicos, mantendo a coesão social.

Capítulo 5: Impacto ambiental

A automação, impulsionada pelos avanços da robótica, da inteligência artificial (IA) e das tecnologias digitais, tem profundas implicações para a sustentabilidade ambiental no sector da indústria transformadora. Este artigo explora os impactos ambientais positivos da automação, incluindo benefícios de sustentabilidade, melhorias na eficiência energética, redução de resíduos e emissões e a influência das políticas e regulamentos ambientais na adoção de processos automatizados.

5.1. Benefícios para a sustentabilidade da automatização na indústria transformadora

5.1.1 Otimização de recursos: A automatização permite que os fabricantes optimizem a utilização de recursos através da racionalização dos processos de produção e da minimização do desperdício de materiais. Através de um controlo e monitorização precisos, os sistemas automatizados podem reduzir o consumo de matérias-primas e melhorar a eficiência global dos recursos.

5.1.2 Conservação de energia: Ao automatizar tarefas que requerem operações que consomem muita energia, os fabricantes podem reduzir significativamente o consumo de energia por unidade de produção. Isto inclui a otimização da utilização das máquinas, a implementação de tecnologias eficientes em termos energéticos e a utilização da IA para a manutenção preditiva, a fim de minimizar o tempo de inatividade e o desperdício de energia.

5.1.3 Redução da pegada de carbono: Os processos automatizados conduzem frequentemente a uma redução das emissões de carbono, optimizando a eficiência da produção, reduzindo a dependência de combustíveis fósseis através de tecnologias energeticamente eficientes e incorporando fontes de energia renováveis nas operações de fabrico.

5.1.4 Sustentabilidade do ciclo de vida: A automatização apoia a sustentabilidade do ciclo de vida, prolongando a longevidade das máquinas através de uma manutenção proactiva e reduzindo a necessidade de substituições frequentes, reduzindo assim o impacto ambiental associado à produção e eliminação do equipamento de fabrico.

5.2. Melhorias na eficiência energética através de sistemas automatizados

5.2.1 Controlo de precisão: Os sistemas automatizados aumentam a eficiência energética ao permitirem um controlo preciso dos parâmetros de produção, como a temperatura, a pressão e a velocidade. Esta precisão minimiza o desperdício de energia e assegura uma utilização óptima da energia ao longo do processo de fabrico.

5.2.2 Fabrico inteligente: A integração de dispositivos IoT (Internet das Coisas) e de análises baseadas em IA em sistemas automatizados permite a monitorização em tempo real e o ajuste da utilização de energia com base nas flutuações da procura e nos requisitos de produção. Esta capacidade de adaptação maximiza a eficiência energética e reduz o consumo global de energia.

5.2.3 Resposta à procura: Os sistemas automatizados podem participar em programas de resposta à procura, em que o consumo de energia é ajustado com base nas condições da rede e nos sinais de preços. Isto não só optimiza a utilização de energia como também contribui para a estabilidade e resiliência da rede, apoiando práticas sustentáveis de gestão de energia.

5.3. Redução dos resíduos e das emissões devido à automatização dos processos

5.3.1 Eficiência dos materiais: A automatização facilita o manuseamento e o processamento precisos dos materiais, reduzindo os resíduos gerados durante as operações de fabrico. Isto inclui a minimização de resíduos, defeitos e sobreprodução através do controlo automático da qualidade e da otimização da produção.

5.3.2 Controlo das emissões: Os sistemas automatizados incorporam frequentemente tecnologias e processos avançados de controlo de emissões, tais como conversores catalíticos e depuradores, para minimizar as emissões de poluentes do ar e da água. Além disso, a automatização permite que os fabricantes cumpram mais eficazmente os regulamentos ambientais que regem as normas de emissões.

5.3.3 Minimização de resíduos: Através de sistemas automatizados de triagem, reciclagem e gestão de resíduos, os fabricantes podem separar e processar os resíduos de forma mais eficiente, maximizando as taxas de reciclagem e reduzindo a deposição em aterro. A automatização também apoia os princípios da economia circular, facilitando a reutilização de materiais nos ciclos de produção.

5.4. Políticas e regulamentos ambientais que influenciam a adoção da automatização

5.4.1 Normas de emissões: Regulamentos de emissões rigorosos, tais como limites de emissões de gases com efeito de estufa e poluentes atmosféricos, incentivam os fabricantes a adotar tecnologias mais limpas e processos automatizados que reduzam o impacto ambiental. A conformidade com estas normas impulsiona frequentemente a inovação na automatização do controlo e monitorização das emissões.

5.4.2 Requisitos de eficiência energética: As iniciativas governamentais que promovem a eficiência energética, tais como incentivos fiscais e subsídios para tecnologias de poupança de energia, encorajam os fabricantes a investir em sistemas automatizados que melhoram o desempenho energético e reduzem os custos operacionais a longo prazo.

5.4.3 Iniciativas de economia circular: As políticas ambientais que promovem os princípios da economia circular, como a responsabilidade alargada do produtor (EPR) e os requisitos de conceção ecológica, influenciam a adoção da automatização ao encorajar os fabricantes a conceberem produtos e processos que minimizem o impacto ambiental ao longo do seu ciclo de vida.

5.4.4 Acordos internacionais: Os acordos globais sobre a sustentabilidade ambiental, como o Acordo de Paris sobre as alterações climáticas, incentivam os países a adotar políticas que apoiem a automatização como meio de atingir os objectivos de redução do carbono e promover o desenvolvimento sustentável à escala global.

Capítulo 6: Desafios e riscos

A implementação da automação na indústria transformadora implica a superação de vários desafios e riscos, desde complexidades técnicas a ameaças de cibersegurança e questões de conformidade regulamentar. Além disso, a superação da resistência à mudança em ambientes de fabrico tradicionais representa outro obstáculo significativo. Este artigo explora cada uma destas dimensões em pormenor, com o objetivo de fornecer uma compreensão abrangente do panorama e das estratégias para mitigar os riscos associados.

6.1 Desafios técnicos na implementação da automatização

A automatização no fabrico promete maior eficiência, custos reduzidos e melhor qualidade. No entanto, o caminho para alcançar estes benefícios está repleto de desafios técnicos que devem ser abordados para garantir uma implementação bem sucedida.

6.1.1. Integração de sistemas diversos

Um dos principais desafios técnicos é a integração de diversos sistemas de automação num ambiente de fabrico. As fábricas modernas utilizam normalmente uma mistura de maquinaria antiga, controladores lógicos programáveis (PLCs), robôs industriais e dispositivos IoT (Internet das Coisas) mais recentes. Garantir uma comunicação e interoperabilidade perfeitas entre estes sistemas é crucial, mas muitas vezes complexo. Diferentes protocolos, padrões de comunicação e formatos de dados podem dificultar os esforços de integração.

Exemplo de cenário: Uma fábrica pretende automatizar a sua linha de montagem através da introdução de robots colaborativos (cobots) juntamente com os braços robóticos e sistemas de transporte existentes. A integração destes cobots com os PLCs da fábrica e a garantia de que podem comunicar eficazmente sem interrupções representa um desafio de integração significativo.

6.1.2. Escalabilidade e flexibilidade

Os fabricantes enfrentam frequentemente desafios relacionados com a escalabilidade e flexibilidade das soluções de automatização. A escalabilidade envolve a expansão das capacidades de automação à medida que os volumes de produção aumentam ou à medida que o processo de fabrico evolui. A flexibilidade refere-se à capacidade de reconfigurar rapidamente os sistemas de automação em resposta às mudanças nos requisitos de produção ou no design dos produtos.

Cenário de exemplo: Uma empresa pretende aumentar a produção de um determinado componente eletrónico devido ao aumento da procura. A linha de montagem automatizada existente precisa de acomodar um maior rendimento sem necessitar de uma remodelação completa, realçando a necessidade de soluções de automação escaláveis.

6.1.3. Fiabilidade e manutenção

Os sistemas de automação têm de ser altamente fiáveis para minimizar o tempo de inatividade e as interrupções na produção. As técnicas de manutenção preditiva que tiram partido dos sensores e da análise da IoT podem ajudar a identificar preventivamente potenciais falhas antes de estas ocorrerem. No entanto, garantir a fiabilidade de sistemas automatizados complexos continua a ser um desafio persistente.

Cenário de exemplo: Um fabricante de automóveis depende de robôs de soldadura automatizados para a montagem de chassis. Uma avaria num destes robôs pode parar toda a linha de produção, sublinhando a necessidade crítica de estratégias de manutenção fiáveis para maximizar o tempo de atividade.

6.1.4. Gestão e análise de dados

A automação gera grandes quantidades de dados de sensores, dispositivos IoT e máquinas automatizadas. Gerir e analisar eficazmente estes dados é essencial para otimizar os processos de produção, identificar estrangulamentos e melhorar a eficiência global. A implementação de capacidades analíticas de dados robustas requer a integração com sistemas de automação e o aproveitamento de ferramentas analíticas avançadas, como algoritmos de aprendizagem automática.

Cenário de exemplo: Uma empresa farmacêutica adopta sistemas de embalagem automatizados que geram dados em tempo real sobre taxas de produção, taxas de erro e qualidade da embalagem. A análise destes dados pode revelar informações para otimizar as operações e melhorar a qualidade do produto.

6.1.5. Défice de competências e formação

A implementação da automatização exige muitas vezes a atualização de competências ou a reciclagem da força de trabalho existente para operar e manter tecnologias avançadas de forma eficaz. Colmatar a lacuna de competências e fornecer programas de formação abrangentes é essencial para maximizar os benefícios da automatização, assegurando simultaneamente que os funcionários se sentem confiantes e capazes nas suas funções.

Cenário de exemplo: Uma fábrica de processamento de alimentos introduz equipamentos automatizados de classificação e embalagem. Os programas de formação são essenciais para familiarizar os operadores com o funcionamento do equipamento, os procedimentos de resolução de problemas e os protocolos de segurança.

6.2 Riscos de cibersegurança associados aos sistemas de fabrico conectados

A integração de tecnologias de automação e IoT em ambientes de fabrico introduz riscos de cibersegurança que devem ser cuidadosamente geridos para proteger dados sensíveis, propriedade intelectual e garantir a continuidade operacional.

6.2.1. Vulnerabilidades nos dispositivos IoT

Os dispositivos IoT utilizados no fabrico, tais como sensores, actuadores e máquinas inteligentes, são frequentemente vulneráveis a ciberataques. Estes dispositivos podem ter recursos computacionais limitados e firmware desatualizado, tornando-os susceptíveis a explorações que podem comprometer todo o sistema de automação.

Cenário de exemplo: Os piratas informáticos exploram vulnerabilidades nos sensores IoT instalados numa linha de produção para manipular dados, levando ao envio de produtos defeituosos para os clientes e causando danos à reputação do fabricante.

6.2.2. Violação de dados e roubo de propriedade intelectual

Os sistemas de automatização do fabrico geram e processam dados sensíveis, incluindo desenhos proprietários, calendários de produção e informações de clientes. As violações de dados podem resultar em roubo de propriedade intelectual, interrupções operacionais e perdas financeiras.

Exemplo de cenário: Um cibercriminoso obtém acesso não autorizado ao sistema de planeamento da produção de um fabricante, roubando desenhos de produtos confidenciais e calendários de produção, que são depois vendidos aos concorrentes.

6.2.3. Ameaças internas e erros humanos

As ameaças internas, quer sejam maliciosas ou não intencionais, representam riscos significativos de cibersegurança na indústria transformadora. Os funcionários com acesso a sistemas de automação podem comprometer inadvertidamente a segurança através de ataques de phishing, manuseamento descuidado de informações sensíveis ou sabotagem deliberada.

Exemplo de cenário: Um funcionário insatisfeito com acesso privilegiado ao sistema de controlo de fabrico altera os parâmetros de produção, o que resulta em produtos defeituosos e recolhas de produtos dispendiosas.

6.2.4. Vulnerabilidades da cadeia de abastecimento

A automatização do fabrico depende de uma rede complexa de fornecedores e vendedores que fornecem componentes, software e serviços. As vulnerabilidades da cadeia de fornecimento, como actualizações de software comprometidas ou peças contrafeitas, podem introduzir riscos de cibersegurança no ecossistema de fabrico.

Cenário de exemplo: Uma atualização de software de um fornecedor externo contém malware que se infiltra no sistema de controlo de fabrico, interrompendo a produção e comprometendo dados sensíveis.

6.2.5. Conformidade regulamentar e normas de cibersegurança

Cumprir os requisitos regulamentares e aderir às normas de cibersegurança (por exemplo, ISO 27001, NIST Cybersecurity Framework) é crucial para as organizações de fabrico. O não cumprimento dos regulamentos pode resultar em multas, responsabilidades legais e danos à reputação.

Cenário de exemplo: Um fabricante do sector dos cuidados de saúde não implementa medidas de cibersegurança adequadas para a sua linha de montagem automatizada de dispositivos médicos, violando os regulamentos específicos do sector e enfrentando sanções regulamentares.

6.3 Obstáculos regulamentares e questões de conformidade

Os fabricantes devem navegar por um cenário complexo de requisitos regulamentares e questões de conformidade ao implementar tecnologias de automação. Os quadros regulamentares variam consoante a indústria e a região, acrescentando outra camada de complexidade ao processo de adoção da automatização.

6.3.1. Regulamentação específica do sector

Diferentes indústrias, como a automóvel, a aeroespacial, a farmacêutica e a alimentar, têm requisitos regulamentares únicos que regem as práticas de fabrico, a qualidade dos produtos e as normas de segurança. Cumprir estes regulamentos enquanto se implementa a automatização pode ser um desafio.

Exemplo de cenário: Um fabricante de dispositivos médicos tem de garantir que os seus processos de produção automatizados cumprem os rigorosos regulamentos da FDA para controlo de qualidade e rastreabilidade ao longo do ciclo de vida do fabrico.

6.3.2. Normas internacionais e harmonização

Os fabricantes que operam em mercados globais têm de cumprir as normas e regulamentos internacionais. A harmonização destas normas em diferentes regiões e a garantia de uma conformidade consistente podem consumir muito tempo e recursos.

Cenário de exemplo: Um fabricante de eletrónica que exporta produtos para vários países tem de alinhar os seus processos automatizados de teste e certificação com as normas internacionais (por exemplo, marcação CE para a União Europeia, regulamentos FCC para os Estados Unidos).

6.3.3. Privacidade e proteção dos dados

Os sistemas de automação no fabrico recolhem e processam dados pessoais relacionados com funcionários, clientes e parceiros comerciais. Garantir a conformidade com os regulamentos de proteção de dados (por exemplo, RGPD na Europa, CCPA na Califórnia) é essencial para evitar responsabilidades legais e proteger os direitos de privacidade dos indivíduos.

Cenário de exemplo: Um fabricante de bens de consumo implementa sistemas automatizados de recolha de feedback de clientes que armazenam dados pessoais. O facto de não proteger adequadamente estes dados pode levar a multas regulamentares e a danos na reputação.

6.3.4. Regulamentação em matéria de ambiente e segurança

Para além dos regulamentos relacionados com os produtos, os fabricantes têm de cumprir os regulamentos ambientais e de saúde e segurança no trabalho. As tecnologias de automatização, como os braços robóticos e os sistemas automatizados de manuseamento de materiais, devem cumprir as normas de segurança para proteger os trabalhadores e minimizar o impacto ambiental.

Cenário de exemplo: Um fabricante de automóveis adopta robôs de soldadura automatizados que emitem fumos perigosos. É fundamental garantir a conformidade com os regulamentos ambientais relativos à qualidade do ar e às normas de segurança no trabalho para os trabalhadores que operam perto de sistemas robóticos.

6.3.5. Custos de conformidade e afetação de recursos

A obtenção da conformidade regulamentar requer investimento em sistemas, processos e pessoal com formação em assuntos regulamentares. Os fabricantes devem alocar recursos de forma eficaz para enfrentar os desafios de conformidade sem comprometer a eficiência operacional ou a rentabilidade.

Cenário de exemplo: Um processador alimentar de pequena escala enfrenta desafios para cumprir os regulamentos da FDA relativos à segurança e higiene alimentar, ao mesmo tempo que implementa sistemas automatizados de embalagem e rotulagem dentro de restrições orçamentais.

6.4 Ultrapassar a resistência à mudança em contextos de fabrico tradicionais

A transição de práticas de fabrico tradicionais para sistemas automatizados encontra frequentemente resistência por parte dos intervenientes na organização. Para ultrapassar esta resistência, são necessárias estratégias proactivas de gestão da mudança e uma comunicação eficaz para promover uma cultura que aceite a automatização.

6.4.1. Mudança cultural e organizacional

A resistência à mudança está muitas vezes enraizada na cultura organizacional e nos fluxos de trabalho estabelecidos. Os funcionários podem encarar a automatização como uma ameaça à segurança do emprego ou recear não conseguir adaptar-se às novas tecnologias.

Exemplo de cenário: Os trabalhadores de longa data de uma fábrica de têxteis resistem à introdução de teares automatizados, receando a deslocação de postos de trabalho, apesar das garantias de oportunidades de melhoria de competências.

6.4.2. Falta de compreensão e de formação

As ideias erradas sobre as tecnologias de automatização e os seus benefícios podem alimentar a resistência. Fornecer programas abrangentes de formação e educação para desmistificar a automação e destacar as suas vantagens é crucial para conquistar os cépticos.

Exemplo de cenário: Os operadores de uma fábrica de produção de aço estão cépticos quanto aos benefícios dos sistemas automatizados de manuseamento de materiais. As sessões de formação demonstram como a automatização pode melhorar a segurança no local de trabalho e aumentar a eficiência operacional.

6.4.3. Apoio e visão da liderança

A gestão eficaz da mudança começa no topo, com um forte apoio da liderança e uma visão clara da adoção da automatização. Os líderes devem articular a lógica estratégica da automação, abordar as preocupações e defender os benefícios do avanço tecnológico.

Cenário de exemplo: O CEO de uma empresa de produção promove ativamente uma visão para a transformação digital, realçando a forma como a automatização irá posicionar a empresa para o crescimento futuro e a competitividade no mercado.

6.4.4. Projectos-piloto e aplicação progressiva

A implementação da automatização por fases, através de projectos-piloto, permite às organizações demonstrar benefícios tangíveis e resolver problemas num ambiente controlado. Os projectos-piloto bem-sucedidos criam confiança e impulso para iniciativas de automatização mais alargadas.

Cenário de exemplo: Um fabricante de produtos farmacêuticos testa sistemas de distribuição automatizados numa linha de produção antes de expandir gradualmente a automatização para outras áreas com base em resultados positivos e no feedback dos colaboradores.

6.4.5. Envolvimento e participação dos trabalhadores

O envolvimento dos colaboradores no processo de implementação da automatização promove um sentido de propriedade e reduz a resistência. Solicitar feedback, abordar as preocupações e reconhecer as contribuições para os projectos de automatização pode aumentar a adesão dos colaboradores.

Capítulo 7: Estudos de caso e exemplos do sector

A automação revolucionou vários sectores, melhorando a eficiência, a qualidade e a competitividade. Este artigo explora indústrias específicas transformadas pela automação, exemplos reais de empresas que beneficiam da automação e lições aprendidas com projectos de automação bem e mal sucedidos.

7.1 Sectores específicos transformados pela automatização

A automação teve um impacto profundo em vários sectores-chave, permitindo-lhes inovar, melhorar a produtividade e responder eficazmente às exigências do mercado. Eis algumas ideias sobre a forma como a automatização transformou sectores específicos:

7.1.1. Indústria automóvel

A indústria automóvel tem estado na vanguarda da adoção da automação, tirando partido da robótica e de tecnologias de fabrico avançadas para racionalizar os processos de produção e melhorar a qualidade dos veículos.

Estudo de caso: Tesla Inc.

A Tesla Inc., liderada por Elon Musk, revolucionou a indústria automóvel com a sua abordagem à automação. A Gigafactory da Tesla no Nevada é um excelente exemplo do papel da automação na produção de baterias para veículos eléctricos (VEs). A fábrica utiliza linhas de montagem automatizadas e robótica para o fabrico de baterias, reduzindo os custos de mão de obra e acelerando os prazos de produção.

O foco da Tesla na automação vai além do fabrico e inclui a tecnologia de condução autónoma. O sistema Autopilot da empresa integra sensores avançados e IA para permitir capacidades de condução semi-autónoma e, eventualmente, totalmente autónoma, demonstrando o potencial da automação para redefinir a mobilidade.

7.1.2. Indústria eletrónica

No sector da eletrónica, a automatização permitiu ciclos de produção mais rápidos, melhorou a qualidade dos produtos e aumentou as capacidades de personalização para satisfazer a procura de tecnologia de ponta por parte dos consumidores.

Estudo de caso: Foxconn

A Foxconn, um importante fabricante de produtos electrónicos sediado em Taiwan, exemplifica o impacto da automatização na produção em grande escala. As fábricas da Foxconn empregam milhares de robôs para tarefas como a montagem, a soldadura e o controlo de qualidade na produção de produtos electrónicos de consumo, incluindo smartphones e tablets.

A automatização na Foxconn não só aumentou a eficiência da produção, como também minimizou os erros e defeitos, cruciais para cumprir as rigorosas normas de qualidade das marcas globais de eletrónica, como a Apple, a Dell e a Sony. A empresa continua a investir em tecnologias de automatização para manter a sua vantagem competitiva no mercado altamente dinâmico da eletrónica.

7.1.3. Indústria farmacêutica

A indústria farmacêutica adoptou a automatização para melhorar a descoberta de medicamentos, a eficiência da produção e a conformidade regulamentar, garantindo simultaneamente a segurança e a eficácia dos produtos.

Estudo de caso: Pfizer

A Pfizer, uma das maiores empresas farmacêuticas do mundo, utiliza a automatização em várias fases do fabrico e embalagem de medicamentos. Os sistemas automatizados nas instalações da Pfizer tratam de processos como a síntese química, a formulação, o enchimento e a embalagem de medicamentos.

A automatização no fabrico de produtos farmacêuticos não só acelera a produção, como também melhora a consistência e reduz os riscos de contaminação, essenciais para manter elevados padrões de qualidade e segurança dos medicamentos. O investimento da Pfizer na automatização sublinha o seu compromisso com a inovação e a excelência operacional no sector farmacêutico.

7.2 Exemplos reais de empresas que beneficiam da automatização

Numerosas empresas de diferentes indústrias obtiveram benefícios significativos com a adoção de tecnologias de automatização. Estes exemplos ilustram como a automatização transformou as operações, melhorou a eficiência e impulsionou o crescimento do negócio:

7.2.1. Amazonas

A Amazon, um gigante global do comércio eletrónico e da tecnologia, revolucionou as operações de logística e de cumprimento através da automatização. Os centros de distribuição da empresa incluem robótica avançada e veículos guiados automaticamente (AGVs) que optimizam a disposição do armazém, os processos de recolha e embalagem e a gestão do inventário.

A automatização na Amazon não só acelera o cumprimento das encomendas, como também reduz os erros e os custos operacionais, permitindo à empresa oferecer serviços de entrega rápidos e fiáveis a milhões de clientes em todo o mundo. O investimento contínuo da Amazon em tecnologias de automatização sublinha o seu compromisso com a inovação na logística e no serviço ao cliente.

7.2.2. Fanuc Corporation

A Fanuc Corporation, uma empresa japonesa de robótica, exemplifica o poder transformador da automação no fabrico. A Fanuc produz robôs industriais e sistemas de automação utilizados em várias indústrias, incluindo a automóvel, a aeroespacial e a eletrónica.

Os robôs da Fanuc são conhecidos pela sua precisão, fiabilidade e flexibilidade, permitindo aos fabricantes automatizar tarefas complexas como a soldadura, pintura e montagem. Ao integrar os robôs Fanuc nas suas linhas de produção, as empresas podem obter um maior rendimento, uma melhor qualidade do produto e uma maior eficiência operacional.

7.2.3. Siemens Healthineers

A Siemens Healthineers, uma empresa líder em tecnologia médica, utiliza a automação para melhorar o diagnóstico de saúde e o atendimento ao paciente. A automatização desempenha um papel crucial nos sistemas de imagiologia, nos diagnósticos laboratoriais e nas soluções de TI para os cuidados de saúde da Siemens Healthineers.

Os sistemas de diagnóstico automatizados simplificam os processos de testes médicos, melhoram a precisão do diagnóstico e permitem que os prestadores de cuidados de saúde ofereçam um tratamento atempado e personalizado aos pacientes. O investimento da Siemens Healthineers na automatização sublinha o seu compromisso com a inovação nos cuidados de saúde e com a melhoria dos resultados clínicos a nível mundial.

7.3 Lições aprendidas com projectos de automatização bem e mal sucedidos

Os projectos de automatização bem sucedidos demonstram o impacto transformador da tecnologia quando implementada estrategicamente e com objectivos claros. Por outro lado, os projectos mal sucedidos destacam as armadilhas e os desafios comuns que as organizações devem ultrapassar para alcançar os resultados desejados. Eis as principais lições aprendidas com iniciativas de automatização bem e mal sucedidas:

7.3.1 Lições de projectos de automatização bem sucedidos

1. **Objectivos e estratégia claros:** Os projectos de automatização bem sucedidos começam com objectivos claros alinhados com as metas empresariais. As empresas que definem um roteiro estratégico para a adoção da automatização podem priorizar eficazmente os investimentos e os recursos.

   Exemplo: O enfoque da Tesla no aumento da produção de baterias através da automatização está alinhado com o seu objetivo de acelerar a transição global para a energia sustentável.

2. **Colaboração interfuncional:** A colaboração entre TI, operações e unidades de negócio é crucial para uma implementação bem sucedida da automatização. O envolvimento precoce dos intervenientes e a promoção de uma cultura de colaboração podem ultrapassar a resistência e impulsionar a adoção.

   Exemplo: As equipas multifuncionais da Amazon colaboram para otimizar continuamente os sistemas de automatização de armazéns, melhorando a eficiência operacional e a satisfação do cliente.

3. **Escalabilidade e flexibilidade:** As soluções de automatização escaláveis que podem adaptar-se às necessidades comerciais em constante mudança e aos avanços tecnológicos são essenciais para o sucesso a longo prazo. O investimento em plataformas de automatização flexíveis permite às empresas preparar as suas operações para o futuro.

   Exemplo: O investimento da Foxconn em tecnologias de robótica e automação permite a escalabilidade para satisfazer a procura flutuante na indústria eletrónica.

4. **Melhoria contínua e inovação:** Os projectos de automatização bem sucedidos adoptam uma cultura de melhoria contínua e inovação. As empresas que investem em I&D e em testes-piloto de novas tecnologias podem manter-se à frente da concorrência e liderar a indústria.

   Exemplo: O compromisso da Siemens Healthineers com a inovação na tecnologia médica através de sistemas de diagnóstico automatizados melhora os cuidados aos pacientes e os resultados clínicos.

5. **Formação e envolvimento dos funcionários:** Fornecer programas de formação abrangentes e envolver os funcionários no percurso da automatização fomenta uma força de trabalho qualificada e promove a adoção. Capacitar os funcionários com habilidades de automação gera confiança e impulsiona a excelência operacional.

Exemplo: O investimento da Pfizer em programas de formação para operadores e técnicos assegura a utilização eficaz de sistemas automatizados no fabrico de produtos farmacêuticos.

7.3.2 Lições de projectos de automatização mal sucedidos

1. **Falta de adesão das partes interessadas:** A resistência dos empregados e da liderança pode fazer descarrilar os projectos de automatização. A falta de comunicação dos benefícios da automatização ou de preocupações com a segurança do emprego e com as perturbações do fluxo de trabalho pode dificultar a adoção.

   Exemplo: Um fabricante de têxteis deparou-se com a resistência de trabalhadores de longa data que não queriam adotar teares automatizados devido ao receio de perderem o emprego.

2. **Desconsiderar a complexidade da integração:** A integração de diversos sistemas de automação e equipamentos antigos apresenta desafios técnicos. Subestimar a complexidade da integração ou as questões de compatibilidade pode levar a atrasos e custos excessivos.

   Exemplo: Um fabricante teve dificuldade em integrar robôs colaborativos (cobots) com PLCs e sistemas de transporte existentes, atrasando o projeto de automação.

3. **Planeamento e escalabilidade insuficientes:** Um planeamento deficiente e estratégias de escalabilidade inadequadas podem limitar a eficácia das iniciativas de automatização. Negligenciar o crescimento futuro ou a mudança das condições de mercado pode resultar em investimentos em automação subutilizados.

   Exemplo: Um processador de alimentos em pequena escala enfrentou desafios ao dimensionar sistemas de embalagem automatizados para satisfazer a procura flutuante devido a um planeamento inadequado.

4. **Falta de manutenção e suporte:** Negligenciar o estabelecimento de mecanismos robustos de manutenção e suporte para sistemas automatizados pode levar a períodos de inatividade e interrupções na produção. A não atribuição de prioridade à manutenção preventiva pode resultar em reparações dispendiosas e ineficiências operacionais.

   Exemplo: Um fabricante de automóveis sofreu paragens de produção devido a avarias em robôs de soldadura automatizados, o que realça a importância da manutenção proactiva.

5. **Não adaptação aos requisitos regulamentares:** O não cumprimento dos regulamentos e normas específicos da indústria pode levar a responsabilidades legais e multas regulamentares. Ignorar as implicações regulamentares dos projectos de automatização pode pôr em risco a continuidade operacional e a reputação.

   Exemplo: Um fabricante de dispositivos médicos enfrentou um escrutínio regulamentar depois de não ter implementado medidas adequadas de cibersegurança para sistemas de produção automatizados.

Capítulo 8: Perspectivas futuras

A automação na indústria transformadora está preparada para um crescimento e transformação significativos nos próximos anos, impulsionada pelos avanços tecnológicos, pela evolução da dinâmica do mercado e pela crescente concorrência global. Este artigo explora as previsões para o futuro da automação na indústria transformadora, as tecnologias emergentes susceptíveis de moldar a indústria, as recomendações estratégicas para as empresas que navegam na automação e as sugestões políticas para maximizar os benefícios sociais da automação.

8.1 Previsões para o futuro da automatização na indústria transformadora

O futuro da automação na indústria transformadora é promissor em termos de inovação e perturbação contínuas em vários sectores. As principais previsões incluem:

8.1.1. Adoção acelerada da robótica e da IA

A robótica e a inteligência artificial (IA) continuarão a desempenhar um papel fundamental na automatização do fabrico. Os avanços nas capacidades robóticas, tais como maior destreza, flexibilidade e características colaborativas (cobots), permitirão que os robots executem tarefas mais complexas juntamente com os trabalhadores humanos. As tecnologias orientadas para a IA, incluindo a aprendizagem automática e a análise preditiva, optimizarão os processos de produção, melhorarão a tomada de decisões e aumentarão a eficiência operacional global.

Cenário de exemplo: As fábricas irão implementar cada vez mais sistemas de manutenção preditiva alimentados por IA que podem antecipar falhas de equipamentos antes que elas ocorram, minimizando o tempo de inatividade e otimizando a utilização de ativos.

8.1.2. Expansão da IoT e da conetividade

A Internet das Coisas (IoT) irá integrar ainda mais os dispositivos físicos e os sensores nos ecossistemas de fabrico, permitindo a recolha de dados em tempo real, a monitorização e o controlo em toda a cadeia de abastecimento. Os sistemas de fabrico conectados facilitarão a comunicação contínua entre máquinas, permitindo a manutenção preditiva, a otimização da gestão de inventário e a programação ágil da produção.

Cenário de exemplo: As fábricas inteligentes com base na IoT utilizarão dados de sensores integrados em máquinas para ajustar os parâmetros de produção em tempo real com base nas flutuações da procura e na dinâmica da cadeia de abastecimento.

8.1.3. Crescimento do fabrico de aditivos (impressão 3D)

O fabrico aditivo, ou impressão 3D, continuará a perturbar os processos de fabrico tradicionais, oferecendo maior liberdade de conceção, prazos de entrega reduzidos e produção rentável de geometrias complexas. Os avanços na ciência dos materiais e na tecnologia das impressoras irão expandir a aplicação da impressão 3D para além da criação de protótipos, incluindo a personalização em massa e o fabrico a pedido.

Cenário de exemplo: As empresas aeroespaciais irão adotar cada vez mais a impressão 3D para fabricar componentes leves com designs complexos, optimizando a eficiência do combustível e reduzindo o impacto ambiental.

8.1.4. Ascensão dos gémeos digitais e das tecnologias de simulação

Os gémeos digitais - réplicas virtuais de bens ou sistemas físicos - combinados com tecnologias de simulação irão revolucionar o desenvolvimento de produtos, o planeamento da produção e a otimização operacional. Os gémeos digitais permitem aos fabricantes simular e analisar cenários num ambiente virtual, prevendo resultados de desempenho e optimizando processos antes da implementação física.

Cenário de exemplo: Os fabricantes de automóveis utilizarão gémeos digitais para simular processos de montagem de veículos, identificando potenciais estrangulamentos e optimizando a disposição das linhas de produção para obter a máxima eficiência.

8.1.5. Ênfase na sustentabilidade e no fabrico ecológico

A automatização irá impulsionar os avanços nas práticas de fabrico sustentáveis, reduzindo o consumo de energia, minimizando a produção de resíduos e melhorando a eficiência dos recursos. As tecnologias de fabrico ecológico, como a maquinaria energeticamente eficiente e os sistemas de produção em circuito fechado, alinhar-se-ão com os objectivos globais de sustentabilidade, melhorando simultaneamente a rentabilidade e a reputação da marca.

Exemplo de cenário: Surgirão instalações de fabrico automatizadas alimentadas por energia renovável, utilizando a energia solar e eólica para reduzir as emissões de carbono e os custos operacionais.

8.2 Tecnologias emergentes susceptíveis de moldar o sector

Várias tecnologias emergentes estão preparadas para moldar o futuro da automação na indústria transformadora, oferecendo novas possibilidades de inovação e ganhos de eficiência:

8.2.1. Computação de ponta e computação em nevoeiro

A computação periférica e a computação em nevoeiro permitirão um processamento de dados mais rápido e a tomada de decisões na periferia da rede, mais perto do local onde os dados são gerados. Estas tecnologias reduzirão a latência, aumentarão a fiabilidade e apoiarão a análise em tempo real em ambientes de fabrico distribuídos.

Exemplo de aplicação: Os dispositivos de computação periférica implantados nas fábricas analisarão os dados dos sensores em tempo real para otimizar o desempenho do equipamento e evitar interrupções na produção.

8.2.2. Cadeia de blocos para a transparência da cadeia de abastecimento

A tecnologia de cadeia de blocos aumentará a transparência, a rastreabilidade e a fiabilidade da cadeia de abastecimento, registando de forma segura as transacções e as trocas de dados em redes distribuídas. No fabrico, a cadeia de blocos pode simplificar a logística, verificar a autenticidade dos produtos e garantir a conformidade com as normas regulamentares.

Exemplo de aplicação: Uma plataforma da cadeia de abastecimento com base em cadeias de blocos irá rastrear a origem e o percurso das matérias-primas utilizadas no fabrico, garantindo um abastecimento ético e um controlo de qualidade.

8.2.3. Realidade Aumentada (RA) e Realidade Virtual (RV)

As tecnologias de RA e RV irão revolucionar a formação, a manutenção e a colaboração remota na indústria transformadora. A RA sobrepõe informações digitais em ambientes físicos, enquanto a RV mergulha os utilizadores em mundos virtuais, melhorando a visualização, a simulação e a eficiência operacional.

Exemplo de aplicação: Os técnicos de manutenção utilizarão óculos inteligentes com AR para aceder em tempo real a manuais de equipamento e assistência remota, reduzindo o tempo de inatividade e melhorando a eficiência da resolução de problemas.

8.2.4. Robôs móveis autónomos (AMR)

Os AMRs equipados com capacidades de navegação e IA irão automatizar as tarefas de manuseamento de materiais, logística e gestão de inventário nas instalações de fabrico. Estes robôs funcionarão de forma autónoma, navegando em ambientes complexos e colaborando com trabalhadores humanos para otimizar as operações de armazém.

Exemplo de aplicação: Os AMRs transportarão componentes entre células de produção num sistema de fabrico flexível, optimizando o fluxo de trabalho e reduzindo os custos de mão de obra.

8.2.5. Computação quântica

A computação quântica tem potencial para resolver problemas complexos de otimização e realizar simulações que ultrapassam as capacidades dos computadores clássicos. Na indústria transformadora, os algoritmos quânticos poderão revolucionar a conceção de materiais, a otimização de processos e a gestão da cadeia de abastecimento.

Exemplo de aplicação: A computação quântica permitirá aos fabricantes otimizar os calendários de produção, minimizar os desperdícios e acelerar a inovação na ciência dos materiais através de simulações avançadas.

8.3 Recomendações estratégicas para as empresas que estão a navegar na automatização

As empresas que estão a iniciar ou a expandir iniciativas de automatização devem considerar as seguintes recomendações estratégicas para maximizar os benefícios e reduzir os riscos:

8.3.1. Desenvolver uma estratégia clara de automatização

Definir objectivos claros e um roteiro para a adoção da automatização alinhado com os objectivos comerciais. Dar prioridade aos projectos de automatização com base no potencial ROI, no impacto na eficiência operacional e no alinhamento estratégico com as tendências do mercado e as exigências dos clientes.

8.3.2. Promover uma cultura de inovação e de aprendizagem contínua

Promover uma cultura que abrace a inovação tecnológica, encoraje a experimentação de tecnologias emergentes e apoie a aprendizagem contínua e o desenvolvimento de competências entre os trabalhadores. Investir em programas de formação para melhorar as competências da força de trabalho e capacitar os funcionários para se adaptarem às mudanças impulsionadas pela automatização.

8.3.3. Investir em soluções de automatização escaláveis e flexíveis

Selecionar tecnologias de automatização que possam acompanhar o crescimento do negócio e adaptar-se à evolução das condições do mercado. Priorizar a interoperabilidade e a compatibilidade ao integrar novos sistemas de automação com a infraestrutura existente para minimizar a interrupção e maximizar os ganhos de eficiência.

8.3.4. Implementar medidas robustas de cibersegurança

Proteger dados sensíveis, propriedade intelectual e continuidade operacional através da implementação de medidas abrangentes de cibersegurança. Implementar encriptação, controlos de acesso e tecnologias de deteção de ameaças para mitigar os riscos associados a ciberataques em sistemas de fabrico ligados.

8.3.5. Abraçar a sustentabilidade e as práticas de fabrico responsáveis

Integrar princípios de sustentabilidade nas estratégias de automação, adoptando tecnologias energeticamente eficientes, optimizando a utilização de recursos e minimizando o impacto ambiental. Abraçar os princípios da economia circular para reduzir a produção de resíduos e promover práticas de fabrico ecológicas.

8.3.6. Colaborar com parceiros tecnológicos e peritos do sector

Estabelecer parcerias estratégicas com fornecedores de tecnologia, instituições de investigação e especialistas do sector para tirar partido da experiência no domínio, aceder a tecnologias de ponta e manter-se informado sobre as tendências do sector e os desenvolvimentos regulamentares. Colaborar com os seus pares através de consórcios e fóruns da indústria para partilhar as melhores práticas e avaliar o desempenho.

8.4 Sugestões de políticas para maximizar os benefícios sociais da automatização

Os governos, os decisores políticos e as partes interessadas da indústria desempenham papéis cruciais na definição de políticas que aproveitem os benefícios sociais da automatização, ao mesmo tempo que enfrentam desafios relacionados com a deslocação de postos de trabalho, lacunas de competências e considerações éticas. As principais sugestões políticas incluem:

8.4.1. Investimento na educação e no desenvolvimento da força de trabalho

Atribuir recursos ao ensino STEM, à formação profissional e aos programas de aprendizagem ao longo da vida para dotar a mão de obra de competências de automatização e preparar as gerações futuras para carreiras na indústria transformadora avançada. Fomentar parcerias público-privadas para colmatar o défice de competências digitais e promover iniciativas de requalificação e melhoria das competências da mão de obra.

8.4.2. Apoio à investigação e ao desenvolvimento

Fornecer financiamento e incentivos para a investigação e desenvolvimento (I&D) em tecnologias de automatização, ciência dos materiais e práticas de fabrico sustentáveis. Incentivar a colaboração entre o meio académico, a indústria e as agências governamentais para promover a inovação e a comercialização de novas tecnologias com potenciais benefícios para a sociedade.

8.4.3. Quadros regulamentares para a IA ética e a privacidade dos dados

Estabelecer quadros regulamentares e orientações éticas para a implantação responsável de tecnologias de IA, robótica e IoT na indústria transformadora. Assegurar o cumprimento da legislação e das normas relativas à privacidade dos dados para proteger os direitos dos consumidores, salvaguardar as informações pessoais e promover a confiança nos sistemas automatizados.

8.4.4. Incentivos ao fabrico ecológico e à sustentabilidade

Oferecer incentivos fiscais, subvenções e subsídios para encorajar os fabricantes a adotar práticas de fabrico ecológicas, investir em tecnologias de energias renováveis e reduzir as emissões de carbono. Aplicar medidas regulamentares para promover práticas sustentáveis na cadeia de abastecimento, minimizar o impacto ambiental e atingir os objectivos da economia circular.

8.4.5. Apoio às pequenas e médias empresas (PME)

Fornecer apoio financeiro, assistência técnica e acesso a recursos para que as PME adoptem tecnologias de automatização, aumentem a competitividade e se integrem nas cadeias de abastecimento globais. Facilitar a partilha de conhecimentos e iniciativas de reforço de capacidades para ajudar as PME a enfrentar os desafios relacionados com a implementação e a expansão da automatização.

8.4.6. Colaboração internacional e desenvolvimento de normas

Colaborar com organizações internacionais, organismos de normalização e parceiros comerciais para harmonizar regulamentos, estabelecer normas de interoperabilidade e facilitar a adoção global de tecnologias de automatização. Promover práticas comerciais justas, proteção dos direitos de propriedade intelectual e considerações éticas em operações de fabrico transfronteiriças.

Capítulo 9: Resumo

Ao explorar o impacto transformador da automação na indústria transformadora, aprofundámos várias dimensões - desde os avanços tecnológicos e exemplos da indústria até às considerações estratégicas e implicações políticas. Esta conclusão serve para recapitular as principais descobertas e percepções, refletir sobre as profundas mudanças provocadas pela automação e lançar um apelo à ação para os decisores políticos, líderes da indústria e trabalhadores na navegação pelo futuro da indústria transformadora.

9.1 Recapitulação das principais conclusões e ideias

Ao longo desta exploração, surgiram várias conclusões e conhecimentos fundamentais:

1. **Avanços tecnológicos:** As tecnologias de automatização, incluindo a robótica, a inteligência artificial, a IoT e o fabrico de aditivos, estão a revolucionar os processos de fabrico. Estes avanços aumentam a produtividade, a qualidade e a agilidade, ao mesmo tempo que impulsionam a inovação em indústrias como a automóvel, a eletrónica e a farmacêutica.
2. **Exemplos do sector:** Exemplos reais de empresas como a Tesla, a Amazon e a Siemens Healthineers ilustram como a automação transformou as operações, melhorou a eficiência e permitiu novas capacidades, como a manutenção preditiva, o fabrico personalizado e as práticas sustentáveis.
3. **Desafios e riscos:** Apesar dos benefícios, a implementação da automatização coloca desafios como a complexidade técnica, os riscos de cibersegurança, os obstáculos regulamentares e a resistência à mudança. Os projectos de automatização bem sucedidos requerem um planeamento cuidadoso, investimento no desenvolvimento de competências e medidas robustas de cibersegurança.
4. **Perspectivas futuras:** As previsões para o futuro da automação no fabrico destacam a adoção acelerada da robótica e da IA, a expansão da conetividade IoT, o crescimento do fabrico aditivo e os avanços nas tecnologias de gémeos digitais e de simulação. Tecnologias emergentes como a computação de ponta, a cadeia de blocos, a AR/VR, os robôs autónomos e a computação quântica estão preparadas para remodelar ainda mais o panorama da indústria.

5. **Recomendações estratégicas:** As empresas que navegam na automatização são aconselhadas a desenvolver estratégias claras alinhadas com os objectivos empresariais, a promover a inovação e a aprendizagem contínua, a investir em soluções de automatização escaláveis e flexíveis, a implementar medidas robustas de cibersegurança e a abraçar a sustentabilidade. A colaboração com parceiros tecnológicos e a adesão a normas éticas são cruciais para maximizar os benefícios da automatização.
6. **Sugestões de políticas:** Os decisores políticos desempenham um papel fundamental no apoio à educação e ao desenvolvimento da força de trabalho, promovendo a investigação e o desenvolvimento, estabelecendo quadros regulamentares para a IA ética e a privacidade dos dados, incentivando práticas de fabrico ecológicas, apoiando as PME e promovendo a colaboração internacional e o desenvolvimento de normas.

9.2 Considerações finais sobre o impacto transformador da automatização na indústria transformadora

O impacto transformador da automação no fabrico não pode ser sobrestimado. Para além dos ganhos de eficiência e das poupanças de custos, a automatização permite aos fabricantes inovar rapidamente, responder rapidamente às exigências do mercado e atingir níveis mais elevados de personalização e qualidade dos produtos. Dá mais poder aos trabalhadores, aumentando as suas competências e concentrando-se em tarefas de maior valor, ao mesmo tempo que reduz o trabalho mundano e repetitivo. Além disso, a automação impulsiona a sustentabilidade, optimizando a utilização de recursos, reduzindo o desperdício e minimizando o impacto ambiental - uma consideração crítica face a desafios globais como as alterações climáticas.

A automatização também contribui para o crescimento económico, aumentando a competitividade e atraindo investimentos na produção de alta tecnologia. Coloca as empresas em posição de prosperar numa economia globalizada em que a velocidade, a flexibilidade e a inovação são fundamentais. Para as economias em desenvolvimento, a automatização apresenta oportunidades para ultrapassar as fases tradicionais de fabrico e estabelecer vantagens competitivas em indústrias emergentes.

No entanto, a jornada transformadora em direção à automação não está isenta de desafios. A deslocação da mão de obra, a melhoria das competências da força de trabalho, a garantia de um crescimento inclusivo e a resolução de questões éticas são preocupações prementes. A disparidade no acesso às tecnologias e competências de automatização pode aumentar as desigualdades socioeconómicas se não for gerida de forma ponderada. Além disso, as ameaças à cibersegurança, as complexidades regulamentares e as implicações éticas da IA e da automação exigem uma supervisão vigilante e medidas proactivas por parte dos decisores políticos, dos líderes da indústria e das partes interessadas.

9.3 Apelo à ação dos decisores políticos, dos líderes da indústria e dos trabalhadores na era da automatização

À medida que avançamos na era da automação, é essencial um esforço de colaboração para aproveitar todo o seu potencial e, ao mesmo tempo, mitigar os seus riscos. Os decisores políticos, os líderes da indústria e os trabalhadores têm papéis cruciais a desempenhar:

1. **Decisores políticos:** Investir em programas de educação e de desenvolvimento da força de trabalho que dotem os indivíduos de competências digitais, promovam a aprendizagem ao longo da vida e apoiem iniciativas de requalificação e de melhoria das competências. Promover um ambiente regulamentar que incentive a inovação, salvaguardando simultaneamente os direitos dos consumidores, a privacidade dos dados e as normas éticas. Proporcionar incentivos à investigação e ao desenvolvimento de tecnologias de automatização, práticas de fabrico sustentáveis e tecnologias ecológicas. Colaborar a nível internacional para harmonizar normas, facilitar a transferência de tecnologia e promover práticas comerciais justas.
2. **Líderes do sector:** Desenvolver estratégias de automatização claras e alinhadas com os objectivos comerciais a longo prazo e as tendências do mercado. Fomentam uma cultura de inovação, experimentação e melhoria contínua nas organizações. Investir em soluções de automação escaláveis e flexíveis que melhorem a eficiência operacional, a agilidade e a capacidade de resposta. Dar prioridade a medidas de cibersegurança para proteger a propriedade intelectual,

os dados dos clientes e a continuidade operacional. Adotar práticas de sustentabilidade que optimizem a utilização de recursos, minimizem o impacto ambiental e promovam os princípios da economia circular. Colaborar com parceiros tecnológicos, académicos e colegas da indústria para impulsionar a inovação, partilhar as melhores práticas e enfrentar desafios comuns.

3. **Trabalhadores:** Aceitar a automatização como uma oportunidade para melhorar as competências, a criatividade e a progressão na carreira. Envolver-se proactivamente em programas de formação e melhoria de competências para se adaptarem a cenários tecnológicos em mudança. Defender um crescimento inclusivo e oportunidades equitativas no seio da força de trabalho. Participar em iniciativas no local de trabalho que promovam a saúde, a segurança e o bem-estar em ambientes automatizados. Fornecer feedback e ideias para informar a conceção e implementação de tecnologias de automatização que aumentem a satisfação no trabalho, a produtividade e a qualidade geral da vida profissional.

Capítulo 10: Apêndice

Esta secção fornece informações suplementares para melhorar a compreensão e facilitar a exploração de tópicos relacionados com a automação no fabrico. Inclui um glossário de termos-chave, recursos adicionais para leitura adicional e um índice para facilitar a consulta.

10.1 Glossário de termos-chave relacionados com a automatização

10.1.1. Automatização: A utilização de tecnologia, como a robótica e a inteligência artificial, para realizar tarefas tradicionalmente efectuadas por seres humanos, com o objetivo de aumentar a eficiência e a produtividade.

10.1.2. Robótica: A conceção, construção e operação de robôs para executar tarefas em automação. Os robôs podem ir desde braços industriais para montagem até veículos autónomos para logística.

10.1.3. Inteligência artificial (IA): A simulação da inteligência humana por máquinas, incluindo a aprendizagem, o raciocínio, a resolução de problemas, a perceção e a tomada de decisões.

10.1.4. Internet das coisas (IoT): A rede de dispositivos físicos, veículos, electrodomésticos e outros artigos dotados de eletrónica, software, sensores, actuadores e conetividade que lhes permite ligar-se e trocar dados.

10.1.5. Gémeo digital: Uma representação virtual de um objeto ou sistema físico ao longo do seu ciclo de vida, utilizando dados e simulações em tempo real para otimizar o desempenho e monitorizar o estado.

10.1.6. Fabrico aditivo: O processo de criação de objectos através da estratificação de materiais com base em dados de modelos 3D, frequentemente referido como impressão 3D, que permite geometrias complexas e prototipagem rápida.

10.1.7. Robôs autónomos: Robôs capazes de executar tarefas e tomar decisões sem intervenção humana, equipados com sensores, IA e capacidades de navegação.

10.1.8. Realidade aumentada (RA): Tecnologia que sobrepõe informação digital (como imagens, sons ou outros dados) ao mundo real, melhorando a perceção que o utilizador tem do seu ambiente.

10.1.9. Realidade virtual (RV): Tecnologia imersiva que cria um ambiente simulado, normalmente vivido através de auscultadores, permitindo aos utilizadores interagir e navegar em espaços virtuais.

10.1.10. Computação de ponta: Infraestrutura de computação que processa dados mais perto da fonte ou "borda" da rede, reduzindo a latência e permitindo tempos de resposta mais rápidos para dispositivos IoT.

10.1.11. Aprendizagem automática: Um subconjunto da IA que permite que os sistemas aprendam e melhorem a partir da experiência sem serem explicitamente programados, frequentemente utilizado para reconhecimento de padrões e análise preditiva.

10.1.12. Blockchain: Uma tecnologia de registo digital descentralizada que regista transacções em vários computadores, permitindo uma troca de dados segura e transparente, frequentemente associada a criptomoedas como a Bitcoin.

10.1.13. Manutenção preditiva: Técnicas que utilizam a análise de dados e a aprendizagem automática para prever quando é necessária a manutenção do equipamento, reduzindo o tempo de inatividade e optimizando a utilização dos activos.

10.1.14. Cobots: Robôs colaborativos concebidos para trabalhar ao lado de seres humanos num espaço de trabalho partilhado, aumentando a produtividade e a segurança através de uma colaboração estreita.

10.1.15. Computação quântica: Tecnologia de computação que utiliza princípios da mecânica quântica para efetuar cálculos, permitindo potencialmente soluções para problemas complexos a velocidades muito superiores às dos computadores clássicos.

Referências

Livros

1. **"The Second Machine Age: Work, Progress, and Prosperity in a Time of Brilliant Technologies"** de Erik Brynjolfsson e Andrew McAfee - Explora o impacto da automação e das tecnologias digitais na economia e na sociedade.
2. **"Industry 4.0: The Industrial Internet of Things"** de Alasdair Gilchrist - Fornece informações sobre a convergência da IoT, IA e automação no fabrico.
3. **"Robotics: Everything You Need to Know About Robotics from Beginner to Expert"** de Peter Mckinnon - Aborda os conceitos fundamentais da robótica e as suas aplicações na indústria.

Revistas e artigos académicos

1. **IEEE Transactions on Automation Science and Engineering** - Publica investigação sobre tecnologias de automação e suas aplicações em várias indústrias.
2. **Journal of Manufacturing Systems** - Artigos de investigação, estudos de caso e análises relacionados com sistemas de fabrico e automação.
3. **Harvard Business Review** - Oferece informações sobre a estratégia empresarial, a inovação e os avanços tecnológicos que afectam as indústrias, incluindo a indústria transformadora.

Recursos online

1. **Automation World (https://www.automationworld.com/)** - Fornece notícias, tendências e perspectivas sobre as tecnologias de automação e as suas aplicações no fabrico.
2. **Industry Week (https://www.industryweek.com/)** - Abrange as notícias da indústria transformadora, as melhores práticas e os avanços tecnológicos, incluindo a automatização.

3. **MIT Technology Review (https://www.technologyreview.com/)** - Apresenta artigos e relatórios sobre tecnologias emergentes, incluindo IA, robótica e fabrico avançado.

Sítios Web e organizações

1. **International Federation of Robotics (IFR) (https://ifr.org/)** - Oferece informações sobre as tendências globais da robótica, estatísticas e relatórios do sector.
2. **National Institute of Standards and Technology (NIST) Manufacturing Extension Partnership (MEP) (https://www.nist.gov/mep)** - Fornece recursos, ferramentas e assistência aos fabricantes dos EUA, incluindo orientações sobre a adoção da automatização.
3. **Fórum Económico Mundial - Fabrico e Produção Avançados (https://www.weforum.org/industries/advanced-manufacturing-and-production)** - Relatórios e informações sobre o futuro do fabrico, automação e transformação industrial.

Printed by Books on Demand GmbH, Norderstedt / Germany